编程真好玩

一 第2册 一

工厂开放日

科学素养教育启蒙绘本：让孩子知道编程是什么

幼儿学编程，需动脑更需动手：精美贴纸、指令条搭配练习

编程空间◎编著

中国水利水电出版社

www.waterpub.com.cn

·北京·

内 容 提 要

　　《编程真好玩》系列是为 3~6 岁的小朋友和其父母量身打造的一套普及、介绍计算机编程思维的绘本，既是一套少儿编程启蒙用书，也是一个加强亲子关系的纽带。

　　《编程真好玩》系列绘本共 3 册，分别是《编程真好玩 第 1 册 机器人小镇》《编程真好玩 第 2 册 工厂开放日》《编程真好玩 第 3 册 一起堆雪人》。每册绘本首先都从一个生动有趣的故事开始，将计算机编程思维融入故事的问题解决中，寓教于乐。其次，设计了"基本概念""想一想""练一练"等模块，一方面可以带领小朋友回顾故事的主要情节，增加故事的趣味性、互动性；另一方面，通过与父母一起使用指令条或贴纸完成各知识点的"指令条练习题"，可以有效地增强小朋友的动手能力和协作能力；最重要的是，将计算机编程思维与生活相结合，加深小朋友对编程的理解。

　　《编程真好玩》系列绘本由编程空间团队倾力研发，综合研究了国内外各类绘本的优点，采用四色印刷，故事生动有趣，插画活泼优美，非常适合幼儿的编程启蒙教育。此外，《编程真好玩》系列绘本既可以作为小朋友的睡前读物，也可以作为亲子时间的互动节目，是育儿的不二之选。

图书在版编目（CIP）数据

编程真好玩 / 编程空间编著 . —北京：中国水利水电出版社，2021.8
ISBN 978-7-5170-9753-2

Ⅰ. ①编… Ⅱ. ①编… Ⅲ. ① 程序设计 Ⅳ. ① TP311.1

中国版本图书馆 CIP 数据核字 (2021) 第 145170 号

书 　 名	编程真好玩 第 2 册 工厂开放日 BIANCHENG ZHEN HAOWAN DI 2 CE GONGCHANG KAIFANG RI
作 　 者	编程空间 编著
出 版 发 行	中国水利水电出版社 （北京市海淀区玉渊潭南路 1 号 D 座 100038） 网址：www.waterpub.com.cn E-mail：zhiboshangshu@163.com 电话：(010) 68367658（营销中心）
经 　 售	北京科水图书销售中心（零售） 电话：(010) 88383994、63202643、68545874 全国各地新华书店和相关出版物销售网点
排 　 版	北京智博尚书文化传媒有限公司
印 　 刷	北京富博印刷有限公司
规 　 格	250mm×210mm　16 开本　10 印张（总）　101 千字（总）
版 　 次	2021 年 8 月第 1 版　2021 年 8 月第 1 次印刷
印 　 数	0001—5000 册
总 定 价	108.00 元（共 3 册）

Preface

前言

作为少儿编程领域的从业者，我深知"计算机编程"是孩子们未来一项很重要的技能，编程思维更有助于高效地解决问题。

同时作为一名4岁孩子的妈妈，我知道他们渴望了解计算机，想要探索一切未知的东西，更期待去实现自己脑海中的新奇想法（正如本书中的部分情节，是根据学龄前孩子的想象而创作的）。

本套绘本（共3册）从学龄前孩子的视野出发，寓学于乐。通过故事让孩子们认识简单的编程概念，培养编程思维。

在后面的练习题中，爸爸、妈妈还可以和孩子们一起进行亲子互动，在动手动脑中强化孩子们对编程概念的认知。

第1册《机器人小镇》

涉及的编程知识：代码 序列 调试 循环

第2册《工厂开放日》

涉及的编程知识：事件 循环 条件 函数

第3册《一起堆雪人》

涉及的编程知识：分解 序列 循环 条件 合作

公众号

官 网

编者

目 录

前言

Character
introduction

人物介绍

蒙蒙

- 身份： 果园老板
- 年龄： 未知
- 兴趣： 讲道理、种水果、吃美食
- 害怕的事情： 种植的水果不够美味

小美

- 身份： 接待型机器人
- 年龄： 1.5岁
- 兴趣： 与人类说话、喜欢看到人类开心的表情
- 害怕的事情： 主人模糊的指令

克拉拉

- 身份： 幼儿园小朋友
- 年龄： 5岁
- 兴趣： 打扮漂亮、偷偷涂指甲油
- 害怕的事情： 一个人睡觉

多吉

- 身份： 幼儿园小朋友
- 年龄： 4岁
- 兴趣： 拼搭各类工程车、积木
- 害怕的事情： 当众说话和表演

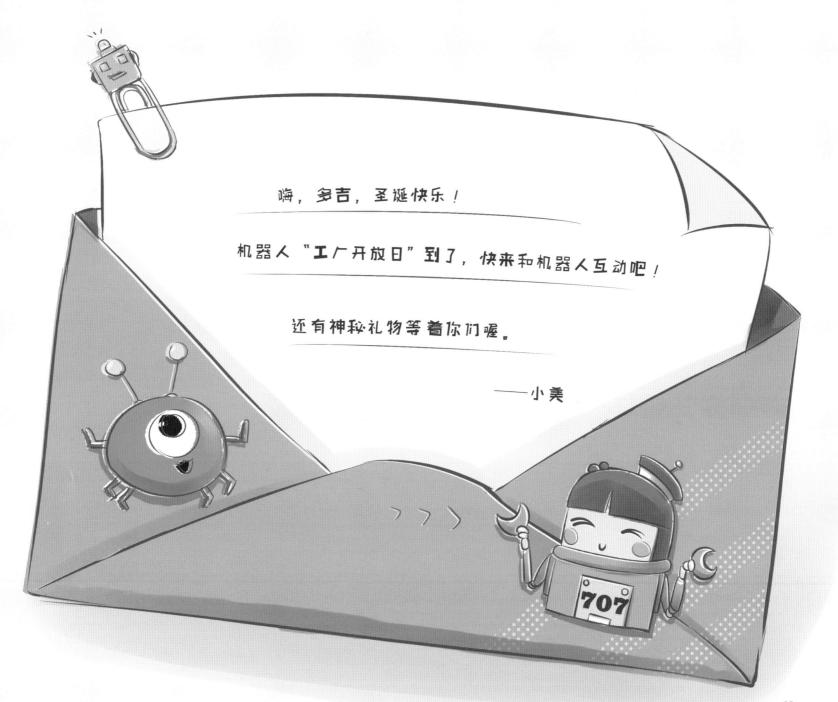

嗨，多吉，圣诞快乐！

机器人"工厂开放日"到了，快来和机器人互动吧！

还有神秘礼物等着你们喔。

——小美

蒙蒙，我正想去找你呢，我收到了小美的邀请函。

我也收到了！可惜克拉拉要参加钢琴比赛，去不了，我们回来给她分享吧。

Tips（提示）：当多吉跺脚时，工厂的门打开了，我们可以把"跺脚"看成一个**事件**，这个事件触发了开门。**事件是触发代码运行的某个条件。**

货品运输区

1.把货物搬离地面

2.朝卸货区前进

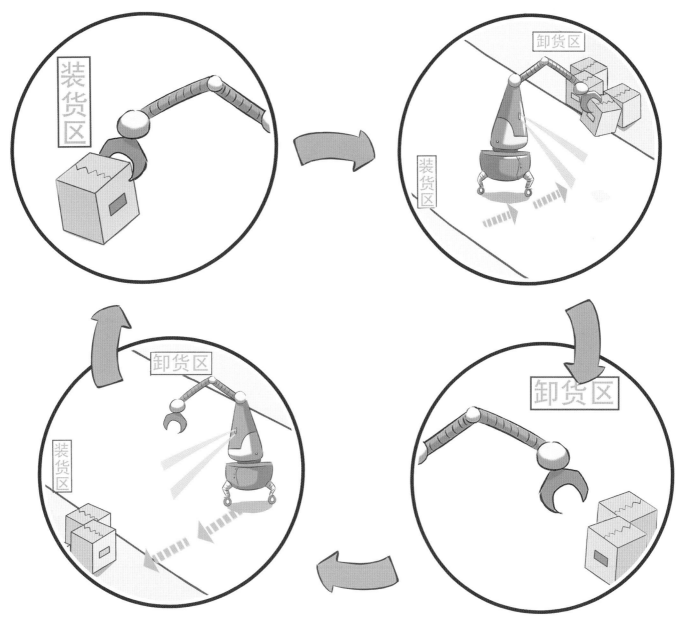

4.返回装货区

3.卸货

Tips: 机械手臂根据指令循环搬运货物。

包装分拣区

X 不合格

回收箱

Tips: 当机械手臂检验玩具车时，需要根据条件作出不同的选择：
如果玩具车的尺寸不合格，那么就把它放入回收箱；否则继续前进。

13

创新研发区 ▪▪▪▪▪▪▪▪▪➡

14

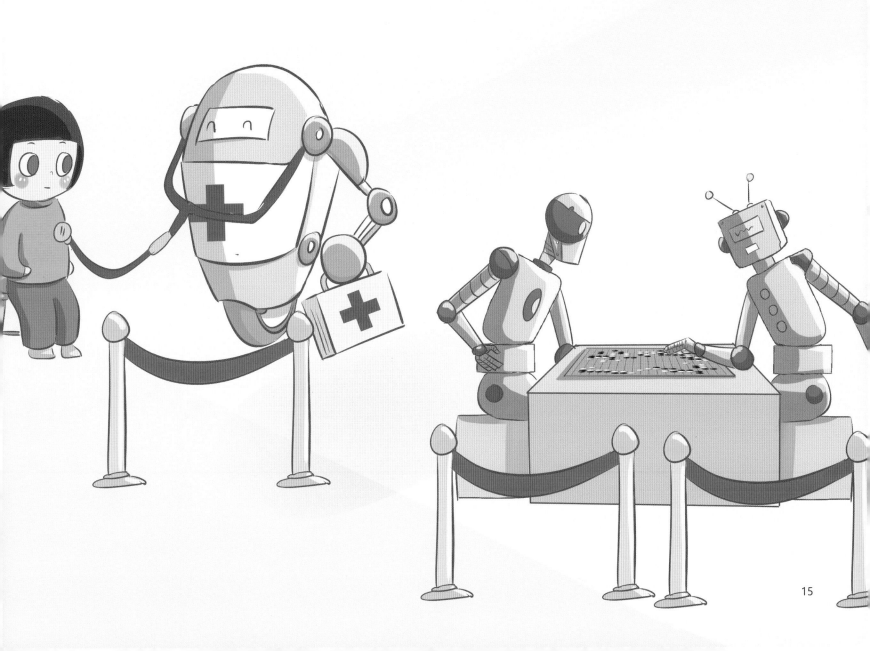

互动体验区

蒙蒙，那个机器人在做你喜欢的比萨！

16

1 准备食材

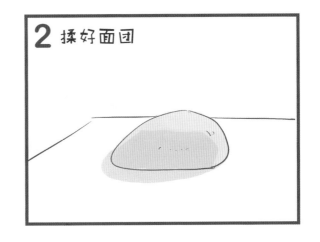

2 揉好面团

3 铺上食材

4 放入烤箱

Tips：当机器人制作比萨时，可以调用制作比萨的方法。当需要完成这一系列任务时，我们可以给这一系列任务取一个统一的名字："做比萨"，即建立函数。

18

我……我想要一个礼物,晚上我害怕一个人睡觉。

我能感觉到你是一个害羞的小朋友,但是你今天很勇敢。

原来多吉的探测机器人是送给克拉拉的。

小朋友们，还记得在机器人工厂中都发生了哪些故事吗？

不要小看这些故事，里面可隐藏着厉害的编程知识呢！快和爸爸、妈妈一起来玩吧！

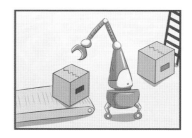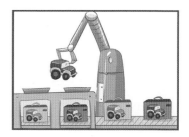

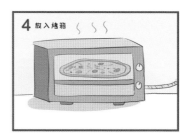

玩法介绍

爸爸或妈妈陪着小朋友一起，以排列贴纸或指令条的方式完成7个小任务。这些任务围绕"事件""条件""函数"等编程概念展开，旨在促进小朋友对编程基本概念的理解。

（注：贴纸和指令条附在书后，爸爸、妈妈可以引导小朋友用盒子保存起来，方便以后重复练习。）

Event

一、事件

基本概念：在计算机编程中，事件是触发代码运行的某个条件，如单击鼠标或按下一个键。当事件发生时，才会触发相应的结果。

想一想：小朋友们，还记得在故事中工厂大门是怎么打开的吗？

踩脚（事件）　　触发　→　门开了（结果）

Event

一、事件 亲子互动

练一练1：小朋友们，你们能给以下事件的触发结果贴上正确的图案吗（用贴纸完成）？

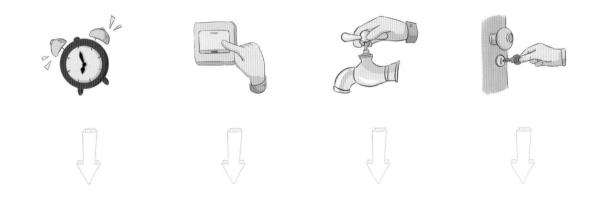

Event

一、事件 亲子互动

练一练2 以下为4个不同形状的按钮，当小朋友们单击不同的按钮时，会触发不同的事件，家长需做出对应的动作。请小朋友们快来和爸爸、妈妈一起试试吧！（单击一个按钮，就会产生一个事件，会触发相应的结果。）

单击按钮：唱一句儿歌

单击按钮：拍拍手

单击按钮：爸爸、妈妈和孩子拥抱

单击按钮：单脚站立

Condition

基本概念：在计算机编程中，我们常常需要根据条件作出不同的选择。如果条件满足，则做一件事情；如果条件不满足，则做另一件事情。就像做一道判断题，如果题目是正确的，就打 √；否则打 X。

想一想：小朋友们，还记得在故事中机械手臂是怎样检验玩具车的吗？

if（如果） 尺寸大小不合适

then（那么） 放入回收箱

else（否则） 继续前行

Condition

练一练 1：小朋友们，克拉拉需根据天气判断要穿的衣服，请帮她贴上正确的图案吧（用贴纸完成）！

Condition

二、条件 指令条练习题

练一练2：小朋友们，蒙蒙果园中的菠萝快熟了，我们已经用 条件指令条帮助蒙蒙进行了判断：

如果菠萝熟了，那么就采摘菠萝。请用 指令条完善以下指令条的排列。

34

Condition

练一练3：小朋友们，蒙蒙继续在果园中采摘菠萝，请用   指令条帮助蒙蒙进行判断：如果菠萝熟了，那么就采摘菠萝。

Function

三、函数

基本概念：函数是解决问题的一个过程或者一种方法。我们可以给能解决一个问题的一段程序取一个名字，这段程序就是函数，这个名字就是函数名。当遇到相同的问题时，可以直接调用这个函数，而不用重新编写程序。

想一想：小朋友们，还记得在故事中机器人是怎样制作比萨的吗？当机器人需要制作比萨时，可以直接调用"制作比萨"的函数；当需要制作冰淇淋时，可以直接调用"制作冰淇淋"的函数，不用重新编写程序。

建立函数：制作比萨

Function

练一练 1：小朋友们，蒙蒙果园中的苹果熟了，每一枝需要摘3次，现在已建立函数"摘3个苹果"，

请用 指令条帮助蒙蒙采摘苹果。

建立函数：摘3个苹果

Function

练一练2：小朋友们，蒙蒙继续在果园里摘苹果，现在每一枝需要摘5次，请建立函数"摘5个苹果"，

并用 → ↓ ← 摘5个苹果 采摘苹果 指令条帮助蒙蒙采摘完所有苹果。

建立函数：摘5个苹果

Reference Answer

参考答案

一、事件

练一练1：小朋友们，你们能给以下事件的触发结果贴上正确的图案吗（用贴纸完成）？

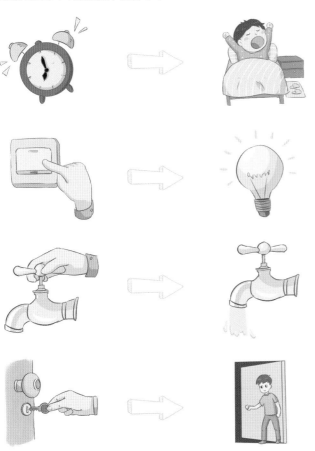

二、条件

练一练1：小朋友们，克拉拉需根据天气判断要穿的衣服，请帮她贴上正确的图案吧（用贴纸完成）！

Reference Answer

参考答案

二、条件

练一练2：小朋友们，蒙蒙果园中的菠萝快熟了，我们已经用

条件指令条帮助蒙蒙进行了判断：如果菠萝熟了，那么就采摘菠萝。

请用 指令条完善以下指令条的排列。

练一练3：小朋友们，蒙蒙果园里的菠萝快熟了，请

 指令条帮助蒙蒙采摘菠萝

40

Reference Answer

参考答案

三、函数

练一练1 小朋友们，蒙蒙果园里的苹果熟了，每一枝需要摘3次，现在已建立函数"摘3个苹果"，请用 摘3个苹果 指令条帮助蒙蒙采摘苹果。

练一练2 小朋友们，蒙蒙继续在果园里摘苹果，现在每一枝需要摘5次，请建立函数"摘5个苹果"，并用 摘5个苹果 采摘苹果 指令条帮助蒙蒙采摘所有苹果。

建立函数：摘5个苹果

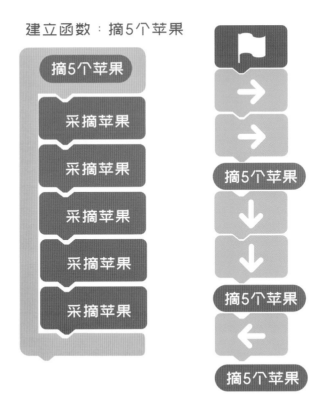